AF895327

DEUTSCHE AKADEMIE DER WISSENSCHAFTEN ZU BERLIN

VORTRÄGE UND SCHRIFTEN

HEFT 42

DIE GESCHICHTE DER PALÄOBOTANIK UND IHRER AUSWEITUNGEN IN BERLIN

von

Walther Gothan

1951

AKADEMIE-VERLAG BERLIN

Erschienen im Akademie-Verlag GmbH., Berlin NW 7, Schiffbauerdamm 19
Lizenz Nr. 202 · 100/89/51
Gedruckt in der Buchdruckerei Oswald Schmidt GmbH., Leipzig III/18/65
Bestell- und Verlagsnummer 2003/42
Preis DM 1,75
Printed in Germany

Die Geschichte der Paläobotanik und ihrer Ausweitungen in Berlin

Von W. Gothan

Vorgetragen in der Sitzung am 5. April 1951

Vorbemerkungen: Die Arbeiten der Paläobotanik, die sich mit den früher auf der Erde gewachsenen Pflanzen befaßt, sind wissenschaftlicher und praktischer Art. Die wissenschaftliche Seite lehrt die Phänomene und Gestalten der früheren Pflanzenwelt kennen, und zwar nicht nur ihre äußere Gestalt und ihre Eigentümlichkeiten, sondern auch das Vegetationsbild der einzelnen geologischen Perioden: sie rekonstruiert die frühere Vegetation. Sie bringt aber auch mit Hilfe besonderer Erhaltungsweisen und Techniken den inneren Bau der einzelnen Pflanzen heraus, was sowohl für Fragen der Stammesgeschichte als auch für die Ökologie der Gewächse von Bedeutung ist. Die Vegetationsbilder, die von den Floren verschiedener Vegetationsperioden geliefert worden sind, sind nicht Phantasiedarstellungen, sondern das Resultat der Zusammenstellung naturgegebener Bausteine. Der praktische Wert der Paläobotanik gründet sich einmal auf die Benutzung der gefundenen Formen als Leitfossilien, die Bestimmung des relativen geologischen Alters der florenführenden Schichten, was besonders für die kohlenführenden Formationen von Wichtigkeit ist. Als besondere Ausweitung muß man aber die Beschäftigung mit den verschiedenen Arten der Kohlen ansehen, die ja aus den Resten der ehemaligen Pflanzen entstanden sind. Die Paläobotanik spielt eine große

Rolle für die Probleme der Bildung und Entstehung der Kohlen und hat durch Entwicklung besonderer Methoden zur Erforschung der Mikrostruktur der Kohlen einen besonderen, ebenfalls wichtigen praktischen Zweig der Kohlenkunde entwickelt: Die Lehre von der Kohle als Gestein, die Kohlenpetrographie. Diese hat sich wiederum in verschiedene Arbeitsmethoden gespalten, von denen die Mikropaläobotanik auch wirtschaftlich besondere Bedeutung erlangt hat. Die in den Kohlen enthaltenen kleinen Pflanzenteile besonders widerstandsfähiger Natur, die Blatt-, Sporen- und Pollenhäute usw. der früheren Gewächse, haben sowohl für die Benutzung mancher Kohlen als auch für stratigraphische Fragen der kohlenführenden Schichten seit längerem steigende Bedeutung erlangt, so daß diese Seite der Paläobotanik in den Kohlenrevieren mit besonderem Nutzen gepflegt wird, nachdem ich anfangs mit dahin gehenden Vorschlägen nicht durchgedrungen war. –

Was nun die Geschichte der Paläobotanik in Berlin betrifft, so kam im vorigen Jahrhundert anfangs nur die wissenschaftliche Seite in Frage, die sich übrigens von der praktischen manchmal nur schwer trennen läßt. Derartige Forschungen wurden von einigen Forschern nur gelegentlich betrieben und führten erst in der 2. Hälfte des Jahrhunderts zu einer konzentrierten Tätigkeit. Die jüngsten Ablagerungen, die durch Aufhäufung ehemaliger Pflanzenreste in unserm Gebiet entstanden sind, sind die Torflager. Hier ist zunächst u. a. die Tätigkeit von Adalbert von Chamisso, der Kustos am Botanischen Garten war, zu nennen. Zur Zeit von Alexander von Humboldt war noch mehrfach davon die Rede, daß der echte Landtorf durch Zusammenschwemmung von Pflanzen entstanden sei und daß z. B. in den Linumer Mooren Meerestangreste vorkämen. Chamisso hat dann 1822 den Nachweis geführt, daß es sich um echte Landpflanzen handelte, wie *Phragmites, Eriophorum, Carex, Menyanthes* usw. 1824 untersuchte er ein Moorgelände bei Eldena in der Nähe von Greifswald, also Moore in der Nähe der Meeresküste, und sagte darüber: „Man möchte erwarten, dieses

Torflager würde sich als Meermoor erweisen, in welchem man *Zostera marina* (Seegras), Tange und andere Seeprodukte als Zeugen seiner Entstehung entdecken müßte", was aber natürlich nicht der Fall war.

Andere hatten anderswo die gleichen Erkenntnisse gewonnen. Ein anderer Berliner Botaniker, H. F. Link, wie Chamisso Mitglied der damaligen Akademie der Wissenschaften, erbrachte wie kurz zuvor Hutton in England 1838 den Beweis, daß die echten Humuskohlen ähnlich zusammengesetzt seien wie der Torf; in einer mehr oder weniger gleichförmigen Masse sind noch unverkennbare Teilchen eingebettet, die sich als Reste von Landpflanzen erwiesen, er hatte den sogenannten Fusit, die fossile Holzkohle, in seiner Natur erkannt. Mit derartigen Untersuchungen wurde dann zunächst allmählich die Anschauung, daß der Torf aus zusammengeschwemmten Pflanzen gebildet sei, beseitigt und seine autochthone Bildung, die Ablagerung an Ort und Stelle, erwiesen. Trotzdem finden sich noch viel später immer wieder Autoren, die die Kohlen und ähnliche Ablagerungen für zusammengeschwemmtes Material erklärten.

Im Jahre 1851 kam der Botaniker Alexander Braun nach Berlin, ebenfalls Mitglied der Akademie, der sich schon in Karlsruhe mit einer berühmt gewordenen Ablagerung von Tertiärpflanzen befaßt hatte, nämlich mit den Mergeln von Öhningen am Bodensee. Diese hat er auch beschrieben und eine Menge Pflanzen daraus bestimmt, die er ohne Abbildungen publiziert hat. Das auch durch seine Insektenreste, Eidechsen usw. bekannte Vorkommen hat dann später der Schweizer Paläobotaniker O. Heer als Grundlage seiner „Tertiärflora der Schweiz" (1855) benutzt, wobei er auf die Arbeiten von Alexander Braun zurückging und den von diesem gegebenen Namen erst eine feste Basis gab. Genau genommen liegt aber der Fundort Öhningen gar nicht in der Schweiz, sondern auf deutschem Gebiet, wenn auch nahe der Schweizer Grenze. Ein wichtiges Jahr in der Berliner Paläobotanik ist das Jahr 1855, wo der Botaniker Fr. Schulze das sogenannte Schulzesche Reagens in die Botanik und auch gewissermaßen in die Untersuchung der Kohlen einführte. Durch Behandlung von Kohlen und kohlig erhaltenen Pflanzen kann man in vielen Fällen die widerstandsfähigen Pflanzenbestandteile, wie Sporen-, Pollen- und Blatthäute, isolieren, was sich für die Paläobotanik und Kohlenkunde später als von größtem wissenschaftlichen und praktischen Nutzen erwiesen hat. Er hat darüber eine Arbeit in den Sitzungsberichten der Akademie 1855 veröffentlicht. Diese jetzt als Mazerationsmethode bezeichnete Präparationsweise ist nachdem jedoch zunächst relativ wenig angewandt worden, in größerem Maßstab anscheinend nur von Aug. Schenk (1867) an mesozoischen Pflanzen und dann hin und wieder von anderen (Zeiller, Reinsch), kam aber erst im Anfang dieses Jahrhunderts durch den schwedischen Forscher A. G. Nathorst zu allgemeiner Benutzung. Es handelt sich bei den älteren genannten Betätigungen einzelner Untersucher nur um gelegentliche Betätigung mit paläobotanischen Dingen. In Berlin selber war es eigentlich erst E. Weiß, der Neffe des berühmten Mineralogen Ch. S. Weiß, der, früher in der Saarbrückener Gegend tätig, 1872 nach Berlin an die Geologische Landesanstalt kam; Weiß war ursprünglich Mineraloge und dozierte an der Bergakademie Mineralogie. Er hat auch eine Anzahl Arbeiten auf diesem Fachgebiet geschrieben, darunter auch seine Dissertation; seine eigentliche Bedeutung liegt jedoch auf dem Gebiet der Paläobotanik. Er war schon vorher für die Preußische Geologische Landesanstalt in Saarbrücken tätig gewesen, und seine „Begründung von fünf geognostischen Abteilungen in den Steinkohlen führenden Schichten des Saar-Rheingebirges“ (Verhandlg. Naturhist. Ver. Rheinland und Westfalen 1868) hat noch heute ihre Bedeutung; die unterschiedenen fünf Stufen sind noch jetzt mit einigen Erweiterungen und Modifikationen im Gebrauch. Trotz der im Verhältnis zu unseren heutigen Kenntnissen vielfach zu korrigierenden Bestimmungen bleibt doch der Kern seiner Arbeit gültig, und sie kann als die erste Arbeit in Deutschland rühmend hervorgehoben werden, die die Möglichkeit einer paläobotanischen Stratigraphie in einem westlichen deutschen Steinkohlenbecken dartat und durchführte. Wir kennen das Saarbecken heute noch als ein durch die Pflanzen als Leitfossilien sehr gut zu gliederndes Kohlenbecken, trotzdem es nach den heutigen Auffassungen von dem ganzen Karbonprofil nur die oberste Stufe (Westfal C und D) umfaßt (abgesehen von dem Stefan und Rotliegenden darüber). Schon vor seiner Übersiedlung nach Berlin hatte er außerdem eine umfangreiche Arbeit veröffentlicht, deren Druck von der Akademie der Wissenschaften unterstützt worden ist: „Fossile Flora der jüngsten Steinkohlenformation und des Rotliegenden im Saar-Rhein-Gebiet", Bonn 1869–72, die immer noch wegen der guten Darstellung und Beschreibung der Pflanzen dieser Periode eine vorzügliche Übersicht über die gefundenen Formen vermittelt. Weiß hat sich fast nur mit den paläozoischen Floren, speziell mit der Steinkohlenflora beschäftigt. Wir müssen jedoch einer wenn auch nur kleinen Notiz von ihm gedenken: „Über die Entwicklung der fossilen Floren in den geologischen Perioden. Z. D. Geol. Ges. 1877", in der er als erster – soviel mir bekannt – auf die Inkonkordanz der großen Pflanzenentwicklungsperioden gegenüber denen der Tierwelt hinwies. Diese kleine Arbeit war in Vergessenheit geraten, und ich habe sie selber erst gefunden, nachdem ich dieselben Umstände viel später als „Fundamentaltatsache der Paläobotanik" im Jahre 1912 feststellte und nach mir noch andere Autoren. Neben kleineren Arbeiten sind es besonders seine umfangreichen Schriften über die Kalamarien und die Sigillarien der Steinkohlenperiode (Steinkohlen-Calamarien I, II. Abh. Preuß. Geol. L. A. II, 1, 1876; V, 2, 1884. – Die Sigillarien der preußischen Steinkohlengebiete. Ebenda I, VII, 3, 1887 und II Subsigillarien, herausgegeben von Sterzel. N.F. 2, 1893). Wenn auch Weiß sicher zu viele Arten und Formen in seinen Arbeiten unterschieden hat, so behalten diese doch durch ihre Genauigkeit in Abbildung und Beschreibung ihren Wert, und man kann sich aus ihnen noch heute befriedigend orientieren. Er war von sehr schwankender Gesundheit und hat trotzdem bis zu seinem Tode 1890 mit eiserner Energie seine wissenschaftlichen Ziele verfolgt.

Bevor wir zu dem Nachfolger von Weiß, dem Botaniker H. Potonié übergehen, müssen wir noch der Arbeit eines Mitarbeiters von H. R. Goeppert im damaligen Breslau gedenken über fossile paläozoische Hölzer, die in den Abhandlungen der Akademie im Jahre 1888 erschienen ist. Trotz ihrer Sorgfalt hatte sie keine besondere Wirkung, da sie sich im alten Geleise des Goeppertschen Systems der Koniferenhölzer bewegte.

H. Potonié, der Nachfolger von E. Weiß, ist wohl noch bekannter geworden als sein Lehrer, bei dem er schon als Assistent seit den 80er Jahren tätig war. Seine erste paläobotanische Arbeit behandelte die als *Tylodendron* bekannten Marksteinkerne aus dem Rotliegenden; ein mit anhaftendem Holzkörper versehenes Stück, das schon Weiß publiziert hatte, zeigte, daß es sich um Marksteinkerne von Stämmen mit Koniferenstruktur handelt, die auch heute noch vorzugsweise auf die unter dem Sammelnamen *Walchia* bekannten Koniferenzweige namentlich des Rotliegenden bezogen werden. Auch Weiß hatte übrigens eine derartige Möglichkeit angedeutet, war aber wieder davon abgekommen. Zur Zeit der 80er und 90er Jahre war H. Potonié schon als Botaniker der Schwendenerschen Schule bekannt. Er hatte bereits seine in mehreren Auflagen erschienenen „Elemente der Botanik" sowie seine „Illustrierte Flora von Nord- und Mitteldeutschland" publiziert und sich auch durch volkstümliche Schriften über seine Arbeitsgebiete einen Namen gemacht; er war auch Herausgeber der lange Jahrzehnte bei G. Fischer in Jena erschienenen Naturwissenschaftlichen Wochenschrift. Durch seine Beschäftigung an der Geologischen Landesanstalt wandte er sich dann fast ganz der Paläobotanik zu, und zwar hauptsächlich der stratigraphischen Bedeutung der Karbonpflanzen, ohne jedoch die botanische Seite zu vernachlässigen. Er hatte reichlich Gelegenheit, die Steinkohlenflora in verschiedenen der jetzigen oder früheren deutschen Kohlenreviere zu studieren und ihre Bedeutung für die Unterscheidung der einzelnen Stufen des Karbons kennenzulernen. Zahlreiche Untersuchungen im Gelände, ferner bei Bohrungen namentlich im Saar- und oberschlesischen Revier lieferten ihm dazu von Berufs wegen automatisch die Unterlagen. Als eine Frucht dieser Studien erschien 1896 seine Abhandlung: „Floristische Gliederung des deutschen Karbons und Perms. Abh. Pr.-G.L.A. N. F. Nr. 21), in der er verschiedene Stufen des Karbons nach der Flora charakterisierte und mit Nummern versah, die auch eine Zeitlang in der Literatur viel gebraucht wurden. Er hat damit wie auch anderweitige Forscher dargetan, daß man mit Hilfe der Floren oder Pflanzen einzelne Stufen des Karbons der verschiedenen Becken unterscheiden und miteinander altersmäßig in Beziehung setzen kann. Allerdings reichen seine Resultate nicht an die in England erzielte Gliederung heran, und er hat auch nicht das Vorhandensein des „Florensprungs" innerhalb der älteren Oberkarbonschichten erkannt; er suchte vielmehr wie sein Vorgänger nach einer „Mischflora" von Typen des älteren und mittleren Karbons, die heute noch nicht gefunden ist und deren Entdeckung der Zukunft vorbehalten bleibt. Trotzdem stellt die obengenannte Schrift den ersten im ganzen gelungenen Versuch dar, die einzelnen Steinkohlenbecken Deutschlands miteinander altersmäßig zu vergleichen und insbesondere bei der damaligen lebhaften Bohrtätigkeit – Nutzen für die Praxis daraus zu ziehen. Vorher hatte er schon die ziemlich umfangreiche Flora des Rotliegenden von Thüringen (1893) veröffentlicht, die weniger als monographische Bearbeitung des fossilen Materials als durch zahlreiche botanische Betrachtungen der Fossilien ausgezeichnet ist. Es ist hier nicht der Ort, seine zahlreichen sonstigen paläobotanischen Arbeiten Revue passieren zu lassen. Erwähnt sei aber noch, daß er um 1900 herum begann, die „Abbildungen und Beschreibungen fossiler Pflanzenreste" herauszugeben, die in zwangloser Folge eine Anzahl bekannter Arten nach ihren botanischen und stratigraphischen Eigentümlichkeiten brachte und in neun Lieferungen bis 1913 erschienen.

Der größte Teil der in diesen Heften niedergelegten Arbeiten wurde allerdings nicht von ihm selbst, sondern von seinen Mitarbeitern ausgeführt. Da sich das Werk aus gewissen Gründen als schwer benutzbar und als eine ziemlich uferlose Angelegenheit ohne absehbares Ende erwies, wurde es 1913 auf meine Veranlassung eingestellt. Es enthält aber doch über gewisse Pflanzenformen und Gattungen sehr annehmbare und z. T. sorgfältig durchgearbeitete Darstellungen, und sicher werden die erschienenen Lieferungen ihren Wert behalten. Von 1897 bis 1900 war sein Lehrbuch der Paläobotanik erschienen, das damals als einziges deutsches Lehrbuch auf dem Gebiet von Bedeutung war, aber von den jüngeren Pflanzen insbesondere von den Tertiärpflanzen sehr wenig enthielt. Es ist bemerkenswert für die Interessen der Geologen, es sind aber auch viele persönliche Gedanken und Betrachtungen des vielseitigen Autors hineinverwoben.

Durch die praktische Beschäftigung mit der Paläobotanik in verschiedenen Kohlenrevieren kam H. Potonié gewissermaßen zwangsweise, wie es anderen Paläobotanikern auch schon gegangen war, zur näheren Beschäftigung mit der Kohle, insbesondere mit dem Problem der Bildung der Kohlen. In der Tat hat er auf diesem Gebiet Ausgezeichnetes geleistet, und sein Ruf in der wissenschaftlichen Welt ist in dieser Richtung wohl noch größer als auf dem Gebiet der eigentlichen Paläobotanik gewesen. Er ging dabei vollständig organisch vor und studierte – soweit es damals möglich war – nicht nur die fossilen Humuslagerstätten, sondern vertiefte deren Studium besonders durch den Vergleich mit den heutigen bedeutenden Humuslagerstätten, den Mooren mit ihren Torfbildungen. Er studierte im Gelände und Laboratorium den Aufbau der brennbaren organogenen Gesteine (Kaustobiolithe) überhaupt und betonte besonders die Verschiedenheit der organogenen Faulschlamm- und Humusbildungen, von denen seine Unterscheidung der erstgenannten als Sapropelite international fruchtbar geworden ist. Die Unterscheidung von Humiten oder Humolithen von den Sapropeliten muß in der Tat als ein besonderer Fortschritt in der Betrachtung der Kohlenablagerungen und verwandter Gesteine bezeichnet werden. Nicht nur seine Werke über die Entstehung der Steinkohle, sondern über die rezenten organogenen Gesteine zeugen von der Eindringlichkeit und umfassenden Art seiner Arbeiten auf diesem Gebiet. Die Braunkohle zog er schon früh in den Bereich seiner Untersuchungen ein, die in der nahe gelegenen Lausitz besonders zu Studien anreizten, die er aber auch auf weitere Vorkommen ausdehnte. Seine zahlreichen Bereisungen von Moorgebieten und Kohlenrevieren erlaubten ihm einen ausgedehnten Überblick über die sich bietenden Phänomene und Probleme. Insbesondere war er als ein ausgesprochener Vertreter der Anschauung der Autochthonie der Kohlen- und Humuslagerstätten bekannt, d. h. der Anschauung, daß die große Masse dieser Ablagerungen in ähnlicher Weise wie die Torfmoore an Ort und Stelle entstanden sei. Wir hatten schon hervorgehoben, daß bis in die neuere Zeit sich immer wieder Stimmen erhoben, die die Kohle als zusammengeschwemmtes Pflanzenmaterial (allochthon) auffaßten; in Frankreich erfreute sich die Schule von Fayol in dieser Beziehung einer vorherrschenden Stellung; aber auch anderswo traten und treten noch heute immer wieder darauf hinzielende Theorien oder Hypothesen auf. Das Zeitalter der intensiven Untersuchung der Kohle als Gestein hat er nicht mehr erlebt; obwohl die Anfänge davon eigentlich weit in das vorige Jahrhundert zurückreichen, war doch die Forschungsintensität auf diesem Gebiet in größerem Maßstab der heutigen Kohlenpetrographie vorbehalten.

H. Potonié war auch ein philosophisch veranlagter Mensch und wußte in der Geschichte der Philosophie recht gut Bescheid, wie ich aus eigener Erfahrung weiß. Er hat auch ein Heft „Naturphilosophische Plaudereien“ veröffentlicht, das aus Artikeln in der von ihm geleiteten „Naturwissenschaftlichen Wochenschrift“ zusammengestellt war. Man merkt diese Neigung auch in seinen wissenschaftlichen Arbeiten, insbesondere durch seine Bemühungen, eine Synthese für den Aufbau des Pflanzenkörpers zustande zu bringen, die er in seiner „Perikaulom-Theorie“ entwickelte, über die er schließlich ein besonderes Buch bei G. Fischer in Jena erscheinen ließ. (Grundlinien der Pflanzenmorphologie im Lichte der Paläontologie 1912.) Er war zu dieser Hypothese, die die Landpflanzen von wasserbewohnenden, gabelig verzweigten Algen ableitete, durch die Paläobotanik gekommen, und seine Hypothese enthält viele geistreiche Kombinationen durch den Hinweis auf die Eigentümlichkeiten des Aufbaus der paläozoischen Pflanzen und bei diesen auftretende primitive Merkmale im Aufbau der Stämme, Blätter usw., insbesondere die lange persistierende Neigung zur gabeligen Verzweigung. In neuerer Zeit hat W. Zimmermann diese Theorie in seine Telomtheorie eingebaut. Die Potoniéschen Darlegungen haben bei den deutschen Botanikern wenig Gegenliebe gefunden, was man anscheinend von der genannten Telomtheorie auch wohl sagen kann, die sich im Auslande größerer Schätzung erfreut.

Der wissenschaftliche Ruf Potoniés hat auch eine Anzahl Schüler nicht nur aus Deutschland nach Berlin gezogen, von denen wir nur L. Cremer, den späteren, leider früh verstorbenen Leiter der Geologischen Abteilung der Berggewerkschaftskasse in Bochum nennen, ferner eine Zeitlang den russischen Forscher M. Zalessky um 1900 herum, später P. Bertrand aus Frankreich und einige andere. Potonié hat jedenfalls den Ruf der Berliner Paläobotanik und Kohlenkunde noch besonders begründet, viel nachdrücklicher als sein Vorgänger E. Weiß. Er starb 1913 nach einem langwierigen Siechtum, erst 56 Jahre alt. Mehrere Dissertationen entstanden unter seiner Leitung, z. B. von Gothan, F. Franke, W. Huth, M. Heinhold, die allerdings z. T. schon auf das Konto des Verfassers kommen. Unter seinen wissenschaftlichen Mitarbeitern nennen wir noch F. Fischer (Lepidodendron), W. Koehne (Sigillaria) und Zobel (Sphenophyllum) sowie seinen Sohn R. Potonié.

Dem Verfasser war es vergönnt, durch H. Potonié in das Studium der Paläobotanik und Kohlenkunde eingeführt zu werden, das ihn dann seit etwa dem Jahre 1905 fast ausschließlich beschäftigte. Zunächst in den Bahnen meines Vorgängers weiter wandernd, habe ich auf dem Gebiet der Paläobotanik sowohl die botanische Seite als auch die praktisch stratigraphische gepflegt und mit Erfolg erweitert und vertieft. Dabei sind Floren aus den verschiedensten Formationen bearbeitet worden, in der Hauptsache allerdings diejenigen der Steinkohlenformation. Es gelang mir, bereits in meiner Dissertation das System der mikroskopischen Diagnostik der fossilen Koniferenhölzer auf eine neue Basis zu stellen und von der alten Art der von Goeppert begründeten Arbeitsweise loszulösen und durch Auffindung neuer Merkmale zu vertiefen, was auch bald nicht nur hier, sondern auch in andern Ländern Anwendung fand (1905). Die Stellung an der Geologischen Landesanstalt brachte es mit sich, daß die stratigraphische Seite und die Verfeinerung der Kenntnis der vertikalen Verbreitung der einzelnen Karbonpflanzen eine Haupttätigkeit in meinen Arbeiten ausmachte. Die Resultate haben sich auch in der Praxis wiederholt ausgewirkt. 1913 fand ein Bergmannstag im damaligen Breslau statt, und es gelang mir, bis zu diesem Termin die Bearbeitung der farnlaubigen Pflanzen des gewaltigen oberschlesischen Steinkohlenbeckens fertigzustellen. Die dabei gemachte Entdeckung des schon obengenannten Florensprunges war ein allgemein interessierender Nebenerfolg, der seitdem auch in andern Ländern außerhalb Europas festgestellt wurde. Dieser Florensprung besagt, daß über den untersten Schichten des Oberkarbons (jetzt Namur A-Stufe genannt) die alte Flora aussetzt und sozusagen unvermittelt eine jüngere vom „Westfal"-Charakter einsetzt, ohne daß eine Übergangsflora bekannt ist. Diese heute noch rätselhafte Erscheinung hat sich als sehr weittragend erwiesen und ist in beiden Schlesien so auffällig, daß man sich wundern muß, daß sie nicht bereits früher erkannt worden ist. Die etwas eigentümlichen Umstände, die zur Verkennung des Florensprunges geführt haben, können hier nicht weiter mitgeteilt werden. Bisher sind die Bemühungen, die theoretisch zu fordernde Misch- oder Übergangsflora zu finden, resultatlos gewesen. Ungefähr zur gleichen Zeit nahm ich eine Neubearbeitung der sogenannten fränkischen „Rhätflora" vor (Gegend von Nürnberg), die nicht nur botanische, sondern auch geologische Ergebnisse lieferte und sie als Liasflora entlarvte, wobei gleichzeitig die paläontologischen Unterschiede zwischen den beiden sonst nahe verwandten Floren wie in Schonen herauskam, die seitdem durchaus bestätigt wurden, sogar an den Ablagerungen in Ost-Grönland (Harris). Bereits in den Jahren vorher hatte ich mit Unterstützung der Akademie der Wissenschaften einige Studienreisen ausführen können, von denen sich die eine mit der Frage der Bildung des Gagats (Jetkohle) in England befaßte, die andere mit den Kohlen liassischen Alters bei Pécs (Fünfkirchen) in Ungarn, deren Autochthonie-Merkmale mir die Eigenart dieser bei mesozoischen Kohlenlagern zeigte, was ich auch später auf die Wealdenkohlen des Hannoverschen übertragen konnte.

Meine Studien erstreckten sich dann auf alle andern damals deutschen Kohlenreviere, außer auf Oberschlesien auf Niederschlesien, das Ruhrrevier, Aachen, das Saarrevier, die sächsischen Kohlen, die Wettiner Kohlen bei Halle (jetzt fast aufgelassen) und auch auf die Rotliegendkohlen, so daß ich im Laufe der Zeit eine große Erfahrung auf diesem Gebiet gesammelt habe, wie sie heute wohl kaum wieder jemand wird erlangen können. Überall kamen sowohl botanische als insbesondere stratigraphische Resultate von Bedeutung heraus.

Karbonstratigraphische Arbeiten wurden oder waren auch in andern Ländern intensiv betrieben worden, was z. T. damit zusammenhing, daß die Geologischen Landesanstalten sich zu dem Zweck ihrerseits Paläbotaniker anstellten oder sich der Mitarbeit von geeigneten Fachleuten versicherten. Meine eigenen vergleichenden Arbeiten wurden auch vom zuständigen Ministerium unterstützt, so daß ich zu Vergleichsstudien im Jahre 1912 eine größere Rundreise durch Mitteleuropa unternehmen konnte, die mich mit den Sammlungen und Vorkommen in Frankreich, Belgien, Holland, England, Schottland noch genauer bekannt machte. Inzwischen war die Fülle und Unübersichtlichkeit der zahllosen Lokalnamen für die Schichten in den einzelnen Kohlenbecken so groß geworden, daß für den Außenstehenden und selbst für den Fachmann eine Übersicht unmöglich wurde. Es gab bereits gewisse Stufenbezeichnungen für Unterabteilungen des Karbonprofils, aber die Umgrenzung dieser war ungenau, und man konnte mit ihnen generell nichts anfangen. So lag das dringende Bedürfnis, international geltende Bezeichnungen mit paläontologischer Abgrenzung zu haben, in der Luft. Auf der oben genannten Studienfahrt bereitete ich diese internationale Verständigung im Jahre 1912 vor, indem ich mich mit den betreffenden Persönlichkeiten namentlich in Frankreich und England in Verbindung setzte. Es blieb aber zunächst bei diesem Anlauf, da der erste Weltkrieg dazwischenkam. Nach diesem nahm dann der ebenfalls an der Sache sehr interessierte holländische Karbongeologe Prof. Jongmans die Sache in die Hand, und zwar zusammen mit dem Belgier Renier und mir, und so kam 1927 der erste Heerlener Kongreß für Karbonstratigraphie zustande, dem 1935 ein zweiter folgte, die das allen Geologen bekannte Heerlener Normal-Karbonprofil mit paläontologisch abgegrenzten Teilstufen herausbrachten; dabei waren sowohl Paläozoologen als Paläobotaniker beteiligt. Man ist so in die Lage versetzt, die betreffenden Stufenbezeichnungen (Stefan, Westfal A–D, Namur A–C, Dinant-Unterkarbon I–III) auf die verschiedensten Gebiete zu übertragen, wobei vor dem 2. Kongreß noch besonders vorgenommene Studien in gewissen Gebieten die nötige noch fehlende Klärung brachten. Die Arbeiten der Heerlener Kongresse sind international hoch eingeschätzt worden, und auch die Amerikaner und Russen haben sich beteiligt. 1951 hat dann noch ein 3. Kongreß stattgefunden, dessen Ergebnisse aber nicht so wichtig sein werden wie die der beiden vorigen. Übrigens sind auf diesen Zusammenkünften auch die Fragen der Nomenklatur unter den Kohlenpetrographen zu einem Ende gebracht worden, woran Berlin stark beteiligt war.

Schon seit 1910 hatte ich dann auch den Fragen der Pflanzengeographie in den früheren Zeiten mein Augenmerk geschenkt, die ja am Ende des Karbons seit langem eine große Rolle spielen;

ich war aber durch meine Studien dahinter gekommen, daß trotz der generellen Einheitlichkeit der europäischen und amerikanischen Karbonflora einzelne Gebiete deutliche Verschiedenheiten in der Verbreitung gewisser Arten aufwiesen, so daß sie an ihren Pflanzen-Assoziationen erkannt werden können. Bei den Heerlener Kongressen wurde denn auch die Nomenklatur der permokarbonischen pflanzengeographischen Provinzen und Teilgebiete mit erledigt.

Einige Worte seien nun der Lehrtätigkeit auf dem Gebiet der Paläobotanik und Kohlenkunde in Berlin gewidmet. Schon E. Weiß hatte in den 80er Jahren Vorlesungen über fossile Flora abgehalten, die aber wenig Anklang gefunden haben sollen. H. Potonié verstand es, zumal er ein guter Redner war, den Studenten die Sache schmackhafter zu machen und hatte an der Bergakademie ein gut besuchtes Kolleg, dem er später ein solches über Kohle anschloß, das wohl noch besser besucht war. Im Jahre 1912 vertrat ich selber ihn wegen seiner Krankheit und übernahm nach seinem Tode auch seinen Lehrauftrag. Die Sache wurde dann später von der Bergbauabteilung der Technischen Hochschule (1914) übernommen und außerdem eine Honorarprofessur an der Universität eingerichtet, die ich ebenfalls übernahm (1927).

Die gute Tradition der Paläobotanik in Berlin wurde jedenfalls erfolgreich fortgesetzt, und daher fanden sich auch außer aus Deutschland aus den verschiedensten Ländern Wissenschaftler ein, die im Institut arbeiteten und z. T. Dissertationen ausführten. So waren es Herren aus Japan, Indien, Persien, Rußland, der Türkei, Bulgarien, Belgien, Norwegen, die mehr oder weniger lange ihren Studien an dem „Institut für Paläobotanik und Geologie der Brennsteine“ an der Geologischen Landesanstalt oblagen. Das Institut als solches wurde dann später aus hier nicht zu erörternden Gründen wieder aufgehoben, ohne daß die Studien selber darunter litten. Ein Teil dieser Herren beschäftigte sich allerdings weniger mit der eigentlichen Paläobotanik als mit der inzwischen auf die Beine gekommenen Kohlenpetrographie (s. vorn S. 3), die ja als Zweig der Paläobotanik entwickelt worden ist und dann auch recht bemerkenswerte Vertreter an der G.L.A. aufzuweisen hatte. Von den Herren, die auf diesem Wege besonders gearbeitet haben, seien die Namen Bode, der u. a. eine sehr beachtenswerte Klassifikation der Kohlen zustande brachte, R. Potonié (der Sohn von H. Potonié), Stach, Ibrahim (Türkei), Horn (Norwegen), M. Teichmüller und Horst genannt, die z. T. noch heute anderwärts in demselben Sinne weiterarbeiten und ihren Namen einen guten Klang verschafft haben. Auf paläobotanischem Gebiet waren H. Sze (China), der von mir bei mehrjährigem Aufenthalt hier für seine spätere Tätigkeit in China vorbereitet wurde, sowie Bode und Hartung tätig, die beide auf paläobotanischem und stratigraphischem Gebiet Tüchtiges geleistet haben und noch heute anderwärts weiterarbeiten. Es sollen hier nicht alle Namen aufgezählt werden; als Vertreter der Tertiärflora muß aber A. Straus genannt werden, dessen schon früher begonnene Studien über die Pliozänflora von Willershausen a. H. noch weitere interessante Ergebnisse versprechen. Die rege Beteiligung auch aus dem Auslande zeigt jedenfalls, daß der Ruf des Instituts gegen früher eher noch zugenommen hatte.

Der eben genannten Tertiärflora sind in Berlin keine so bedeutenden Studien gewidmet worden wie der paläozoischen. Jedoch hat sowohl H. Potonié als auch der Verf. selbst sich in gewisser Weise auch mit dieser befaßt, besonders mit der Bildung und der Klassifikation der Braunkohle. Diese Arbeiten brachten auch die Probleme der Braunkohlenbildung besonders in Fluß. Es sind dann in den Abhandlungen der Geolog. Landesanstalt eine ganze Reihe von Arbeiten auswärtiger Autoren erschienen, von denen wir nur die Arbeiten von P. Friedrich (1883, Flora der älteren mitteldeutschen Braunkohle), von Caspary-Klebs über die ostpreußische Bernsteinflora (1906), die von P. Menzel über die Lausitzer Braunkohle und die von Kräusel über die des schlesischen Tertiärs erwähnen. Es muß aber für unser Fachgebiet noch die neue Entwicklung der Mikro-Paläobotanik in Gestalt der Pollenanalyse der Braunkohle erwähnt werden, um die sich in Berlin besonders Fr. Thiergart verdient gemacht hat, der noch weiter in dieser Richtung hier tätig ist und diese wissenschaftlich und stratigraphisch wichtig gewordene Sache seinerseits gut vorwärts gebracht hat. Lassen sich doch damit nicht nur Teile des Tertiärs, sondern sogar oft einzelne Flöze altersmäßig identifizieren.

Der 2. Weltkrieg zerriß zunächst in noch höherem Grade als der erste die internationalen Beziehungen, die aber schon bald danach durch Schriftentausch und briefliche Fühlungnahme wieder angeknüpft wurden. Es traten jedoch in Berlin starke Veränderungen ein, besonders insofern die Geologische Landesanstalt in ihrer weiteren Entwicklung auf wissenschaftliche Forschung weniger Wert legte. Daher wurde meine Tätigkeit zunächst ganz an das Geologische Institut der Universität verlegt; die Sache trat aber in ein neues Stadium durch meine Wahl zum Mitglied der Akademie der Wissenschaften (1949). Das ergab für mich die Möglichkeit, die altfundierte Berliner Paläobotanik und Kohlenkunde vor dem drohenden Untergang zu retten, indem es mir ermöglicht wurde, eine Arbeitsstelle für diese Fächer an der Akademie zu gründen, die nun mehr und mehr in offizielle Aktion treten wird. Sie wird gleichzeitig die sehr wertvollen Sammlungen von der Geologischen Landesanstalt übernehmen und gestatten, die bisherige Arbeit im alten Sinne fortzusetzen. Insbesondere war auch mein Augenmerk auf die Schaffung eines Nachwuchses auf diesem Gebiet gerichtet, wozu augenblicklich wieder gute Aussicht vorhanden zu sein scheint, indem ein von mir geschulter wissenschaftlicher Mitarbeiter an der oben genannten Arbeitsstelle bereits eingestellt worden ist. Wenn auch ein so reger Betrieb wie früher durch andere Fachbeflissene zunächst noch nicht erhofft werden kann, so ist doch die Fühlung mit der gesamten Fachwelt wieder hergestellt und überdies die fruchtbare Weiterarbeit auf diesem Gebiet garantiert und im Gange. Daß auch die Interessen der Deutschen Demokratischen Republik in vollem Maße gewahrt bleiben werden, ist selbstverständlich, und es mag hier zum Schluß noch eines praktischen Erfolges auf diesem Gebiet gedacht werden, indem es mir durch Aufmerksamkeit und Sachkenntnis – trotz des Einflusses entgegenwirkender geologischer Fachkräfte – gelungen ist, das vielbesprochene Steinkohlenbecken von Dobrilugk zu entdecken; das ist gleichzeitig das erstemal, daß ein deutscher Geologe ein vollkommen neues, wenn auch nicht gerade großes Steinkohlenvorkommen in Deutschland aufgefunden hat, an einer Stelle, wo niemand Derartiges vermutet hatte (1926). Die dortigen Kohlen werden ja nun bald zum Abbau kommen, und hoffentlich wird das Vorkommen noch wirtschaftliche Erfolge zeitigen. Seine wissenschaftliche Bearbeitung ist jedenfalls von mehreren Stellen aus im Gange.

DIE „VORTRÄGE UND SCHRIFTEN" WENDEN SICH AN DIE WEITEN KREISE DERER, DIE AN WISSENSCHAFTLICHER FORSCHUNGSARBEIT ANTEIL NEHMEN

Die Maßstäbe des Kosmos
Von Prof. Dr. H. Kienle – 30 Seiten – DM 1,50

Über das Naturrecht
Von Prof. Dr. H. Mitteis – 48 Seiten – DM 2,75

Ranke und Burckhardt
Von Prof. Dr. F. Meinecke – 36 Seiten – DM 2,50

Pflanzenphysiologische Bodenkunde
Von Prof. Dr. E. A. Mitscherlich – 24 Seiten – DM 2,–

Über physikalisch-chemische Modelle von Lebensvorgängen
Von Prof. Dr. K.-F. Bonhoeffer – 20 Seiten – DM 2,–

Die Ausgestaltung der Organismen — ein chemisches Problem
Von Prof. Dr. K. Noack – 38 Seiten – DM 2,50

Die Ertragsgesetze
Von Prof. Dr. E. A. Mitscherlich – 42 Seiten – DM 2,75

Düngungsfragen
Über die genaue Ermittlung der notwendigen Düngungsgaben an Phosphorsäure und Kali und über das Problem der Stickstoffdüngung
Von Prof. Dr. E. A. Mitscherlich – 24 Seiten – DM 1,75

Das Leitmotiv der geotektonischen Erdentwicklung
Von Prof. Dr. H. Stille – 28 Seiten – DM 2,50

Minnesinger und Troubadours
Von Prof. Dr. Th. Frings – 60 Seiten – DM 3.–

Wirkungsquantum und Naturbeschreibung
Von Prof. Dr. F. Hund – 20 Seiten – DM 2,50

Umfang und Bedeutung der germanischen Siedlung in Nordgallien im 5. und 6. Jahrhundert im Spiegel der Sprache und der Ortsnamen
Von Prof. Dr. W. v. Wartburg – 34 Seiten – DM 1,85

Über die Fehler bei Ertragsversuchen
Von Prof. Dr. E. A. Mitscherlich – 26 Seiten – DM 1,65

Die Baukunst in Goethes Werk
Von Prof. Dr. C. Weickert – 28 Seiten – DM 1,50

Die Wiederbelebung der Internationalen Papyrologie
Von Dr. E. J. Knudtzon – 20 Seiten – DM 1,50

Die Begründung der orientalischen Kommission von 1912
(Aus der Geschichte der Akademie in den letzten fünfzig Jahren)
Von Prof. Dr. H. Grapow – 30 Seiten – DM 2,25

Die Entstehung der Kohle
Von Prof. Dr. W. Gothan – 52 Seiten – 3 Tafeln – 15 Abbildungen – DM 3,–

Die Geschichte der Paläobotanik und ihrer Ausweitungen in Berlin
Von Prof. Dr. Walther Gothan – (vorliegendes Heft)

Bestellungen an eine Buchhandlung erbeten

A K A D E M I E - V E R L A G · B E R L I N N W 7

Emil Fischer

Pflanzenabdrücke aus dem Alttertiär von Mosel bei Zwickau/Sa.

In der vorliegenden Arbeit werden die aus der Braunkohlenzeit stammenden, im Jahre 1937 bei Mosel unweit Zwickau/Sa. entdeckten Pflanzenabdrücke beschrieben und bestimmt. Durch einen Vergleich mit anderweitig aufgesammelten Pflanzenresten wird das Alter der Moseler Flora ermittelt; aus den allgemeinen Formmerkmalen der Blätter und den Verbreitungsgebieten ihrer noch lebenden Verwandten ergeben sich Rückschlüsse auf das damals herrschende Klima und den Charakter der Pflanzengemeinschaft.

(in: Abhandlungen des Geologischen Dienstes Berlin)
28 Seiten — 12 Abbildungen — 2 Tabellen — X Tafeln — 1950 — DM 9,30
(Bestell- und Verlagsnummer: 2008/221

Walther Gothan

Die Unterkarbon-Flora der Dobrilugker Tiefbohrungen

Ende der zwanziger Jahre ist südlich von Berlin, wesentlich durch Aufmerksamkeit des Verfassers selbst, das Steinkohlen- (Anthrazit-) Vorkommen von Dobrilugk entdeckt worden; eine Reihe von Tiefbohrungen sind niedergebracht worden, die außer den Kohlenflözen zahlreiche Pflanzenabdrücke zutage gebracht haben. Sie sind vom Verfasser wissenschaftlich untersucht worden und von ungewöhnlichem Interesse, besonders da in Schichten dieses Alters (Unterkarbon) sonst kaum Kohlen auftreten.

(in: Abhandlungen des Geologischen Dienstes Berlin)
44 Seiten — 6 Tafeln — 1950 — DM 8,50
(Bestell- und Verlagsnummer: 2008/217)

Bestellungen an eine Buchhandlung erbeten

AKADEMIE-VERLAG · BERLIN NW 7

FSC
www.fsc.org
MIX
Papier | Fördert gute Waldnutzung
FSC® C083411

Kolibri 360 GmbH
Ferdinand-Jühlke-Straße 7
99095 Erfurt, Deutschland
produktsicherheit@kolibri360.de